BEI GRIN MACHT SICH IHR WISSEN BEZAHLT

- Wir veröffentlichen Ihre Hausarbeit, Bachelor- und Masterarbeit
- Ihr eigenes eBook und Buch - weltweit in allen wichtigen Shops
- Verdienen Sie an jedem Verkauf

Jetzt bei www.GRIN.com hochladen und kostenlos publizieren

Katharina Kinateder

Das Bertrandsche Postulat

GRIN Verlag

Bibliografische Information der Deutschen Nationalbibliothek:

Die Deutsche Bibliothek verzeichnet diese Publikation in der Deutschen Nationalbibliografie; detaillierte bibliografische Daten sind im Internet über http://dnb.d-nb.de/ abrufbar.

Dieses Werk sowie alle darin enthaltenen einzelnen Beiträge und Abbildungen sind urheberrechtlich geschützt. Jede Verwertung, die nicht ausdrücklich vom Urheberrechtsschutz zugelassen ist, bedarf der vorherigen Zustimmung des Verlages. Das gilt insbesondere für Vervielfältigungen, Bearbeitungen, Übersetzungen, Mikroverfilmungen, Auswertungen durch Datenbanken und für die Einspeicherung und Verarbeitung in elektronische Systeme. Alle Rechte, auch die des auszugsweisen Nachdrucks, der fotomechanischen Wiedergabe (einschließlich Mikrokopie) sowie der Auswertung durch Datenbanken oder ähnliche Einrichtungen, vorbehalten.

Impressum:

Copyright © 2009 GRIN Verlag GmbH
Druck und Bindung: Books on Demand GmbH, Norderstedt Germany
ISBN: 978-3-640-96098-9

Dieses Buch bei GRIN:

http://www.grin.com/de/e-book/175179/das-bertrandsche-postulat

GRIN - Your knowledge has value

Der GRIN Verlag publiziert seit 1998 wissenschaftliche Arbeiten von Studenten, Hochschullehrern und anderen Akademikern als eBook und gedrucktes Buch. Die Verlagswebsite www.grin.com ist die ideale Plattform zur Veröffentlichung von Hausarbeiten, Abschlussarbeiten, wissenschaftlichen Aufsätzen, Dissertationen und Fachbüchern.

Besuchen Sie uns im Internet:

http://www.grin.com/

http://www.facebook.com/grincom

http://www.twitter.com/grin_com

 Universität Regensburg
NWF I - Mathematik

Zulassungsarbeit
für das Lehramt an Realschulen

Das Bertrandsche Postulat

Katharina Kinateder
März 2009

Inhaltsverzeichnis

1 **Einleitung**   2

2 **Grundlagen**   6
    2.1 Grundbegriffe 6
    2.2 Hilfsmittel 10

3 **Der Beweis**   18
    3.1 Gültigkeit vom Bertrandschen Postulat für $n < 4000$ 18
    3.2 Abschätzung vom Primzahlenprodukt 19
    3.3 Enthaltene Primzahlen in $\binom{2n}{n}$ 21
    3.4 Abschätzung von 4^n 22
    3.5 Das Bertrandsche Postulat 24
    3.6 Anmerkung 26

4 **Folgerungen**   27
    4.1 Primzahlsumme 27
    4.2 Die Unendlichkeit der Primzahlen 29
    Literaturverzeichnis 30

Kapitel 1

Einleitung

Wann der Begriff der Primzahl in der Geschichte der Mathematik das erste Mal aufgetaucht ist, scheint nicht ganz sicher zu sein, aber sie gehören zu jenen mathematischen Objekten, welche seit jeher alle mathematisch Interessierten fasziniert haben. Jede Zahl setzt sich aus Primzahlen zusammen (Hauptsatz der Arithmetik), die Primzahlen sind also sozusagen die Atome des Zahlensystems, mit dem alle Mathematik beginnt.

Die Zahlen $1, 2, 3, 4, 5, 6, \ldots$ werden von den Mathematikern als die natürlichen Zahlen bezeichnet. Eine Primzahl ist eine natürliche Zahl mit genau zwei natürlichen Zahlen als Teiler, nämlich der Zahl 1 und sich selbst. Dass die Folge der so definierten Primzahlen $2, 3, 5, 7, 11, 13, \ldots$ nicht abbricht, dass es also unendlich viele Primzahlen gibt, hat als erster Euklid 300 vor Christus bewiesen. Euklid führte einen Widerspruchsbeweis für die Richtigkeit dieses Satzes: Ausgehend von der Annahme, dass es nur endlich viele Primzahlen gibt, lässt sich die Existenz weiterer folgern, was einen Widerspruch zur Annahme darstellt. Somit kann eine endliche Menge niemals alle Primzahlen enthalten, also gibt es unendlich viele.

Aber es wird wohl auch schon vor Euklid in verschiedenen Kulturkreisen Menschen gegeben haben, welche einiges über die Eigenschaften der Primzahlen wussten. Trotz ihrer scheinbaren Einfachheit und ihres grundlegenden Charakters bleiben die Primzahlen die geheimnisvollsten Objekte, die von den Mathematikern untersucht werden. Es ist erstaunlich, dass einige der ältesten Primzahlprobleme trotz größter Bemühungen von Generationen von Mathematikern bis heute ungelöst sind. Wenn es um das Auffinden von Mustern und Ordnung geht, stellen die Primzahlen eine nicht mehr zu übertreffende Herausforderung dar. Es ist unmöglich, für eine Liste von Primzahlen vorherzusagen, wann die nächste Primzahl auftauchen wird. Die Liste erscheint chaotisch und zufällig, und es gibt keinerlei Hinweise, wie man die nächste Zahl bestimmen könnte. Seit jeher stellen sich Mathematiker die Frage, ob es eine Formel gibt, mit der sich eine Primzahl berechnen lässt. Doch auch nach zweitausend Jahren intensivster Suche entdeckt man nicht irgendwelche einfache Muster. Die Primzahlfolge gleicht eher einer Zufallsfolge von Zahlen als einer geordneten Struktur.

Es ist auch kein Verfahren bekannt, das effizient beliebig große Primzahlen generiert. Seitdem sich die Menschen mit Primzahlen befassen, gibt es stets eine größte bekannte Primzahl. Derzeit ist es $2^{43.112.609} - 1$, eine Zahl mit 12.978.189 dezimalen Stellen, die am 23. August 2008 auf einem Computer der mathematischen Fakultät an der University of California, Los Angeles, gefunden wurde. Die Entdeckung dieser Primzahl qualifiziert sich mit mehr als 10 Millionen Dezimalstellen für den von den von der Electronic Frontier Foundation ausgeschriebenen Preis von 100.000 US-Dollar. Die größte bekannte Primzahl war fast immer eine Mersenne-Primzahl, also von der Form $2^n - 1$ (benannt nach dem Theologen und Mathematiker des 17. Jahrhunderts Marin Mersenne). Seit einigen Jahren wird die jeweils größte Primzahl mit der Eintragung ins Guiness-Buch der Weltrekorde gewürdigt.

Die Zahlentheorie galt jahrhundertelang neben der Euklidischen Geometrie als das klassische Modell der reinen Mathematik: ein theoretisches Gebäude voller Schönheit und Eleganz, ein Kunstwerk des menschlichen Geistes. Seit etwa 30 Jahren hat sich dies geändert: Die Primzahlen sind auch in das Zentrum der Anwendungen gerückt. Für die moderne Technologie sind sie unverzichtbar. Jede einzelne Kontenbewegung, jeder Banktransfer, der gesamte Internethandel sind vorrangig durch Codes geschützt, die auf Primzahlen beruhen. Sie würde beispielsweise auch zum Zusammenbruch des heutigen Internetverschlüsselungssystems führen. Es funktioniert nämlich nur deshalb, weil wir grundlegende Eigenschaften von Primzahlen heute noch nicht kennen. Die Suche nach der Formel hat schon vielen Menschen zum Ruhm oder zum Wahnsinn verholfen.

Seit Jahrhunderten haben sich die brillantesten mathematischen Köpfe mit verschiedenen Aspekten der Primzahlen beschäftigt und sowohl geniale neuartige Ansätze als auch Lösungen für grundlegende Fragen gefunden.[1],[2],[3]

Diese Arbeit beschäftigt sich mit der Verteilung der Primzahlen. Eine kleine Hinführung schildert die Entstehung der damaligen Vermutung von Bertrand:
Wie schon oben erwähnt, ist die Menge der Primzahlen unendlich groß. Jetzt soll gezeigt werden, dass es beliebig große Lücken zwischen den Primzahlen geben muss. Dazu wählt man eine beliebige Primzahl p_r die kleiner als $k+2$ ($k \in \mathbb{N}$) ist. Das Produkt aller Primzahlen bis p_r werde mit N bezeichnet.

$$N := 2 \cdot 3 \cdot 5 \cdot \ldots \cdot p_r \quad (p_r \in \mathbb{P},\ p_r < k+2)$$

Jeder dieser Primfaktoren teilt natürlich N; wird zu N eine ganze Zahl addiert, teilt diese auch die Summe:

$$\begin{aligned}
2 &\mid N+2 \\
3 &\mid N+3 \\
4 &\mid N+4 \\
&\vdots \\
k &\mid N+k \\
(k+1) &\mid N+(k+1)
\end{aligned}$$

Jede dieser k Zahlen $N+2, N+3, N+4, \ldots, N+k, N+(k+1)$ hat also einen Primteiler $i \in \{2, 3, 4, \ldots, k, k+1\}$, und damit sind all diese Zahlen keine Primzahlen. Die nächste Primzahl $p_s \in \mathbb{P}$ muss damit größer als $N+(k+1)$ sein. Da k beliebig groß sein kann, muss es beliebig große Lücken zwischen zwei Primzahlen p_r und p_s geben. Veranschaulicht dargestellt:

$$p_r < N < N+(k+1) < p_s.$$

Mit dieser Methode kann man k aufeinanderfolgende natürliche Zahlen finden, welche nicht prim sind. Veranschaulicht an einem Beispiel:
Sei $k = 12$. Das Produkt aller Primzahlen die kleiner als $k+2 = 14$ sind

lautet $N = 2 \cdot 3 \cdot 5 \cdot 7 \cdot 11 \cdot 13 = 30030$. Folglich ist keine der $k = 12$ Zahlen

$$30032, 30033, 30034, \ldots 30043$$

prim.

Im Jahre 1845 vermutete Joseph Bertrand, dass es - obwohl die Lücke zwischen zwei Primzahlen beliebig groß sein kann - eine obere Schranke für die Größe dieser Lücke gibt. Seine Behauptung lautete:

„*Die Lücke bis zur nächsten Primzahl kann nie größer sein als die Zahl, an der man die Suche beginnt.*"

Das heißt also, dass zwischen n und $2n$ immer mindestens eine Primzahl liegen muss. Bertrand selbst belegte dies bis $n = 3000000$. Pafnuty Chebychev war es, der im Jahr 1850 die Bertrandsche Vermutung vollständig bewiesen hatte, allerdings auf eine sehr komplizierte Art und Weise. Sie wird seitdem als das Bertrandsche Postulat bezeichnet.

Einen einfacheren Beweis lieferte der Inder Ramanujan. Der eleganteste, elementarste und kürzeste Beweis stammt jedoch vom damals 19-jährigen Paul Erdős (1932) und wurde als Grundlage dieser Arbeit herangezogen.[4]

Paul Erdős wurde am 26. März 1913 in Budapest geboren. Bis zu seiner Promotion im Jahre 1934 studierte er an der Universität Budapest. Seither war er ständig auf Reisen und arbeitete mit sehr vielen Mathematikern in aller Welt zusammen.[5]

Die bemerkenswert zahlreichen Arbeiten von Erdős konzentrierten sich auf Probleme der Zahlentheorie, der Wahrscheinlichkeitstheorie, der Mengentheorie und der Kombinatorik und sind meist mit diffizilen kombinatorischen Abzählverfahren verbunden, die Erdős mit großer Meisterschaft zu handhaben wusste.

Kapitel 2

Grundlagen

2.1 Grundbegriffe

Die in diesem Abschnitt angegebenen Voraussetzungen zur Durchführung des Beweises vom Bertrandschen Postulat sind aus Büchern[6],[7],[8] entnommen. Sie stellen lediglich eine Übersicht dar, ohne einzelne Beweise; diese werden als bekannt vorausgesetzt.

2.1.1 Notation

- Natürliche Zahlen. Die Menge der natürlichen Zahlen $\{1, 2, 3, 4, 5, \ldots\}$ werde mit $\mathbb{N}$ bezeichnet. Weiter sei $\mathbb{N}_0 = \mathbb{N} \cup \{0\}$.

- Ganze Zahlen. Die Menge der ganzen Zahlen $\{0, \pm 1, \pm 2, \pm 3, \pm 4, \pm 5, \ldots\}$ werde mit $\mathbb{Z}$ bezeichnet.

- Rationale Zahlen. Die Menge der rationalen Zahlen $\{\frac{a}{b} : a, b \in \mathbb{Z}, b \neq 0\}$ werde mit $\mathbb{Q}$ bezeichnet.

- Reelle Zahlen. Die Menge der reellen Zahlen werde mit $\mathbb{R}$ bezeichnet.

Das Rechnen in diesen Mengen wird als bekannt vorausgesetzt, das heißt die Frage was natürliche, ganze, rationale und reele Zahlen eigentlich sind und wie sich das Rechnen mit ihnen axiomisch begründen lässt wird hier nicht thematisiert.

2.1.2 Notation

- $a \in \mathbb{Z}$ heißt gerade, falls es ein $b \in \mathbb{Z}$ gibt mit der Eigenschaft $a = 2 \cdot b$.
- $a \in \mathbb{Z}$ heißt ungerade, wenn a nicht gerade ist, das heißt wenn es ein $b \in \mathbb{Z}$ gibt mit der Eigenschaft $a = 2 \cdot b + 1$.

2.1.3 Definition (Teilbarkeitsrelation)

Es seien $a, b \in \mathbb{Z}$. a heißt Teiler von b genau dann, wenn es ein $c \in \mathbb{Z}$ gibt mit $b = c \cdot a$, symbolisch: $a \mid b$.
Gibt es kein $c \in \mathbb{Z}$ mit $b = c \cdot a$, so ist a kein Teiler von b, symbolisch: $a \nmid b$.

2.1.4 Proposition

Für alle $a, b, c, d \in \mathbb{Z}$ gilt:

- $a \mid a$ (Reflexivität)
- $a \mid b$ und $b \mid c \Rightarrow a \mid c$ (Transitivität)
- $a \mid b$ und $b \mid a \Rightarrow |a| = |b|$
- $a \mid b$ und $c \mid d \Rightarrow ac \mid bd$
- $a \mid b \Rightarrow a \mid bc$ und $ac \mid bc$
- $a \mid b$ und $a \mid c \Rightarrow a \mid (eb + fc)$ für alle $e, f \in \mathbb{Z}$

2.1.5 Definition (Teilermenge)

Die Menge aller positiven Teiler von $a \in \mathbb{N}$, das heißt die Menge
$$T(a) = \{x \in \mathbb{N} : x \mid a\}$$
nennt man Teilermenge von a.

2.1.6 Definition (Primzahl)

Eine Zahl $a \in \mathbb{N} \setminus \{1\}$ heißt Primzahl, wenn $T(a) = \{1, a\}$, also wenn sie genau die beiden positiven Teiler 1 und a besitzt.
Die Menge der Primzahlen werde mit $\mathbb{P}$ bezeichnet.

2.1.7 Definition (größter gemeinsamer Teiler)

Seien $a, b \in \mathbb{N}$. Das größte Element von $T(a) \cap T(b)$ heißt größter gemeinsamer Teiler von a und b, symbolisch: $ggT(a, b)$.

2.1.8 Definition (Teilerfremdheit)

Zwei Zahlen $a, b \in \mathbb{N}$ heißen teilerfremd, falls a und b nur 1 als gemeinsamen Teiler besitzen, falls also $T(a) \cap T(b) = \{1\}$. Da 1 der einzige gemeinsame Teiler ist, ist er auch der größte: $ggT(a, b) = 1$.

2.1.9 Satz

Für alle $a, b \in \mathbb{N}$ gibt es $x, y \in \mathbb{Z}$ mit

$$ggT(a, b) = xa + yb.$$

2.1.10 Satz (Hauptsatz der elementaren Zahlentheorie)

Jede natürliche Zahl $a \in \mathbb{N} \setminus \{1\}$ besitzt (bis auf die Reihenfolge der Faktoren) genau eine Primfaktorzerlegung.

Die Primzahlen in der Primfaktorzerlegung einer natürlichen Zahl sind im Allgemeinen nicht paarweise verschieden. Werden die Primzahlen der Größe nach geordnet und in Potenzen zusammengefasst, spricht man von normierter Primfaktorzerlegung:

$$a = p_1^{n_1} \cdot p_2^{n_2} \cdot \ldots \cdot p_r^{n_r} = \prod_{i=1}^{r} p_i^{n_i}$$

2.1.11 Definition (Gaußklammer)

Sei $x \in \mathbb{R}$ eine beliebige Zahl. Dann bezeichne $\lfloor x \rfloor \in \mathbb{Z}$ die nächst kleinere ganze Zahl:
$$\lfloor x \rfloor := max\{n \in \mathbb{Z} : n \leq x\}$$

2.1.12 Definition (Fakultät)

Für eine natürliche Zahl $n \in \mathbb{N}$ sei
$$n! := \prod_{i=1}^{n} i = 1 \cdot 2 \cdot 3 \cdot \ldots \cdot n$$

die Fakultät von n.
Außerdem sei $0! = 1$.

2.1.13 Definition (Binomialkoeffizient)

Sei $n, k \in \mathbb{N}_0$. Binomialkoeffizienten sind definiert durch

$$\binom{n}{k} := \begin{cases} \frac{n!}{k!(n-k)!} & \text{falls } n \geq k \\ 0 & \text{falls } n < k \end{cases}$$

2.1.14 Satz (Binomischer Lehrsatz)

Für $x, y \in \mathbb{R}$ und $n \in \mathbb{N}_0$ gilt

$$\sum_{k=0}^{n} \binom{n}{k} \cdot x^{n-k} \cdot y^k = (x+y)^n$$

2.2 Hilfsmittel

2.2.1 Proposition

Für $n, k \in \mathbb{N}_0, n \geq k$ gilt
$$\binom{n}{k} = \binom{n}{n-k}$$

Beweis.
$$\binom{n}{k} \stackrel{(2.1.13)}{=} \frac{n!}{k!(n-k)!} = \frac{n!}{(n-k)!(n-(n-k))!} \stackrel{(2.1.13)}{=} \binom{n}{n-k}$$
$\square$

2.2.2 Proposition (Additionstheorem der Binomialkoeffizienten)

Für $1 \leq k \leq n$ gilt
$$\binom{n}{k-1} + \binom{n}{k} = \binom{n+1}{k}$$

Beweis.
$$\binom{n}{k-1} + \binom{n}{k} \stackrel{(2.1.13)}{=} \frac{n!}{(k-1)!(n-k+1)!} + \frac{n!}{k!(n-k)!}$$
$$= \frac{kn! + (n-k+1)n!}{k!(n-k+1)!}$$
$$= \frac{(n+1)!}{k!(n+1-k)!}$$
$$\stackrel{(2.1.13)}{=} \binom{n+1}{k}$$
$\square$

2.2.3 Proposition

Binomialkoeffizienten $\binom{n}{k}$ mit $n, k \in \mathbb{N}_0, n \geq k$ sind natürliche Zahlen.

Beweis. Dieser Beweis erfolgt durch vollständige Induktion nach n.
Induktionsanfang. Sei $n = 0$, dann ist mit $0 \leq k \leq n$ auch $k = 0$. Damit ergibt sich, dass

$$\binom{n}{k} = \binom{0}{0} \stackrel{(2.1.13)}{=} \frac{0!}{0!0!} = \frac{1}{1 \cdot 1} = 1$$

eine ganze Zahl ist.
Induktionsannahme: $\binom{n}{k} \in \mathbb{N}$ für alle $n, k \in \mathbb{N}_0$ mit $n \geq k$.
Induktionsschluss.

$$\binom{n+1}{k} \stackrel{(2.2.2)}{=} \binom{n}{k-1} + \binom{n}{k}$$

Nach der Induktionsannahme sind $\binom{n}{k-1}$ und $\binom{n}{k}$ natürliche Zahlen. Die Summe dieser beiden Binomialkoeffizienten ergeben damit auch eine natürliche Zahl.

$\square$

2.2.4 Korollar

Teilen zwei teilerfremde Zahlen a und b eine Zahl c, so teilt auch ihr Produkt diese Zahl.

Beweis.
Es gelte $a \mid c$ und $b \mid c$. Da a und b teilerfremd, gilt nach Proposition (2.1.8): $ggT(a, b) = 1$. Nach Satz (2.1.9) existieren demnach ganze Zahlen x, y mit $1 = ax + by$. Multipliziert man die Gleichung mit c, so er hält man: $c = acx + acy$.
Aus $a \mid a$ und $b \mid c$ folgt mit Proposition (2.1.4) $ab \mid ac$ und damit $ab \mid acx$; analog kann man aus $b \mid b$ und $a \mid c$ folgern, dass $ab \mid bc$ gilt und damit $ab \mid bcy$.
Mit Proposition (2.1.4) folgt auch $ab \mid acx + bcy$. Da $ax + by = 1$, ergibt sich $ab \mid c$. $\square$

2.2.5 Bemerkung

Für alle $a, b \in \mathbb{N}$ gilt:
$$a \mid b \Rightarrow a \leq b$$

Beweis.
Wenn $a \mid b$ und $a, b \in \mathbb{N}$, dann existiert nach Definition (2.1.3) ein $c \in \mathbb{N}$ mit $a \cdot c = b$. Wegen $c \geq 1$ erhält man die Abschätzung
$$b = c \cdot a \geq 1 \cdot a = a,$$
das heißt $a \leq b$. □

2.2.6 Korollar

Für $n \in \mathbb{N}_0$ gilt
$$\sum_{k=0}^{n} \binom{n}{k} = 2^n$$

Beweis.
Setzt man in Satz (2.1.14) $x = y = 1$ erhält man die Behauptung. □

2.2.7 Satz

Für alle $m \in \mathbb{N}$, $p \in \mathbb{P}$ gilt
$$\prod_{m+1 < p \leq 2m+1} p \leq \binom{2m+1}{m}$$

Beweis.
Nach Proposition (2.2.1) beträgt
$$\binom{2m+1}{m} = \binom{2m+1}{2m+1-m} = \binom{2m+1}{m+1}$$
und nach Definition (2.1.13)
$$\binom{2m+1}{m+1} = \frac{(2m+1)!}{m!(m+1)!}$$

Der Binomialkoeffizient $\binom{2m+1}{m+1}$ ist nach Folgerung (2.2.3) eine natürliche Zahl. Wegen $0 \lneq m+1 \lneq 2m+1$ ist der Binomialkoeffizient eine natürliche Zahl größer 1. Er besitzt also nach Satz (2.1.10) eine eindeutige Primfaktorzerlegung.

Die Primzahlen p mit $m+1 < p \leq 2m+1$ teilen alle den Zähler (sind also in ihm enthalten), nicht aber den Nenner.

Weil alle diese (natürlich teilerfremden) Primzahlen den Zähler teilen, teilt auch ihr Produkt den Zähler (vergleiche Korollar(2.2.4)). Weil der Nenner vom Produkt dieser Primzahlen nicht geteilt wird, wohl aber der Zähler, wird der gesamte Bruch bzw. Binomialkoeffizient vom Produkt dieser Primzahlen geteilt:
$$\prod_{m+1<p\leq 2m+1} p \mid \binom{2m+1}{m}$$
Sowohl
$$\prod_{m+1<p\leq 2m+1} p \quad \text{als auch} \quad \binom{2m+1}{m}$$
ist eine natürliche Zahl. Also folgt mit Bemerkung (2.2.5)
$$\prod_{m+1<p\leq 2m+1} p \leq \binom{2m+1}{m}$$

$\square$

2.2.8 Lemma

Für alle $m \in \mathbb{N}$ gilt
$$\binom{2m+1}{m} \leq 4^m$$

Beweis.
Nach Proposition (2.2.1) beträgt
$$\binom{2m+1}{m} = \binom{2m+1}{m+1}$$
Daraus schließt man
$$2 \cdot \binom{2m+1}{m} = \binom{2m+1}{m} + \binom{2m+1}{m+1} = \sum_{k=m}^{m+1} \binom{2m+1}{k}$$

Auf Grund dessen dass alle Summanden positiv sind, gilt

$$\sum_{k=m}^{m+1} \binom{2m+1}{k} \leq \sum_{k=0}^{2m+1} \binom{2m+1}{k}$$

Mit Folgerung (2.2.6) erhält man schließlich

$$\sum_{k=0}^{2m+1} \binom{2m+1}{k} = 2^{2m+1}$$

Zusammengefasst ergibt sich

$$2 \cdot \binom{2m+1}{m} \leq 2^{2m+1}$$

Folglich ist

$$\binom{2m+1}{m} \leq \frac{2^{2m+1}}{2} = 2^{(2m+1)-1} = 2^{2m} = 4^m$$

□

2.2.9 Theorem (Satz von Legendre)

Sei $n \in \mathbb{N}$, $p \in \mathbb{P}$. Die Zahl $n!$ enthält den Primfaktor p genau

$$\sum_{k \in \mathbb{N}} \left\lfloor \frac{n}{p^k} \right\rfloor$$

mal.

Beweis.
In $n! \stackrel{(2.1.12)}{=} 1 \cdot 2 \cdot 3 \cdot \ldots \cdot n$ sind ganzzahlige Vielfache von p enthalten: $p, 2p, 3p, \ldots, ip$ $(i \in \mathbb{N})$.
Dabei handelt es sich um genau i Faktoren. Natürlich gilt

$$p < 2p < \ldots < ip \leq n,$$

also

$$1 < 2 < \ldots < i \leq \frac{n}{p}.$$

Weil i eine natürliche Zahl ist, kann sie mit Definition (2.1.11) geschrieben werden als $i = \left\lfloor \frac{n}{p} \right\rfloor$. Damit sind genau $\left\lfloor \frac{n}{p} \right\rfloor$ Faktoren von $n!$ durch p teilbar.

Nach dem gleichen Muster kann man in $n!$ genau $\left\lfloor \frac{n}{p^2} \right\rfloor$ Vielfache von p^2 finden. Dieses Verfahren kann beliebig oft fortgesetzt werden: Durch p^k sind also genau $\left\lfloor \frac{n}{p^k} \right\rfloor$ der Faktoren von $n!$ teilbar.

Aufsummiert erhält man, dass $\sum_{k \in \mathbb{N}} \left\lfloor \frac{n}{p^k} \right\rfloor$-mal der p-Faktor in $n!$ enthalten ist. $\square$

2.2.10 Proposition (Abschätzung von Binomialkoeffizienten)

Für alle $n \geq 1$ gilt:
$$\binom{2n}{n} \geq \frac{4^n}{2n}$$

Beweis.
Aus Proposition (2.2.1) sieht man, dass die Folge $\binom{2n}{0}, \binom{2n}{1}, \ldots, \binom{2n}{n}$ der Binomialkoeffizienten symmetrisch ist.

Aus der Funktionalgleichung

$$\binom{2n}{k} \stackrel{(2.1.13)}{=} \frac{2n!}{k!(2n-k)!}$$
$$= \frac{2n!(2n-k+1)}{k(k-1)!(2n-k+1)!}$$
$$= \frac{2n-k+1}{k} \cdot \frac{2n!}{(k-1)!(2n-(k-1))!}$$
$$\stackrel{(2.1.13)}{=} \frac{2n-k+1}{k} \binom{2n}{k-1}$$

erkennt man, dass die Folge $\binom{2n}{k}$ für $\frac{2n-k+1}{k} > 1$ monoton steigt und für $\frac{2n-k+1}{k} < 1$ monoton fällt.

$$1 < \frac{2n-k+1}{k} \qquad\qquad 1 > \frac{2n-k+1}{k}$$
$$\overset{k\geq 1}{\Leftrightarrow} \quad k < 2n - k + 1 \qquad\qquad \overset{k\geq 1}{\Leftrightarrow} \quad k > 2n - k + 1$$
$$\Leftrightarrow \quad 2k < 2n + 1 \qquad\qquad \Leftrightarrow \quad 2k > 2n + 1$$
$$\Leftrightarrow \quad k < n + \tfrac{1}{2} \qquad\qquad \Leftrightarrow \quad k > n + \tfrac{1}{2}$$
$$\overset{k\in\mathbb{N}}{\Leftrightarrow} \quad k \leq n \qquad\qquad\qquad \overset{k\in\mathbb{N}}{\Leftrightarrow} \quad k \geq n$$

Die Folge $\binom{2n}{k}$ wächst bis $k = n$ an und fällt ab dann wieder genauso ab. Diese Grenze $\binom{2n}{n}$ bildet die Mitte der Folge:

$$1 = \binom{2n}{0} < \binom{2n}{1} < \ldots < \binom{2n}{n} > \ldots > \binom{2n}{2n-1} > \binom{2n}{2n} = 1$$

Der mittlere Binomialkoeffizient $\binom{2n}{n}$ ist der größte Eintrag in der Folge $\binom{2n}{0} + \binom{2n}{2n}, \binom{2n}{1}, \ldots, \binom{2n}{2n-1}$. Die Summe all dieser Folgeglieder ist nach Korollar (2.2.6) gleich 2^{2n} und der Mittelwert ist deshalb $\frac{2^{2n}}{2n}$. Der größte Eintrag kann nicht kleiner als der Mittelwert sein und damit folgt:

$$\binom{2n}{n} \geq \frac{2^{2n}}{2n} = \frac{4^n}{2n} \quad \text{für alle } n \geq 1$$

$\square$

2.2.11 Proposition

Für alle $k \in \mathbb{R}_0^+$ gilt
$$\lfloor 2k \rfloor - 2\lfloor k \rfloor \in \{0, 1\}$$

Beweis.
Sei $k = n + r$ mit $n \in \mathbb{N}$ und $r \in \mathbb{R}_0^+, r < 1$. Es gilt
$$\lfloor 2k \rfloor - 2\lfloor k \rfloor = \lfloor 2(n+r) \rfloor - 2\lfloor n + r \rfloor = \lfloor 2n + 2r \rfloor - 2n$$

Jetzt muss eine Fallunterscheidung getroffen werden:
1.Fall: $2r < 1$
$$\lfloor 2n + 2r \rfloor - 2n = 2n - 2n = 0$$
2.Fall: $1 \leq 2r$
$$\lfloor 2n + 2r \rfloor - 2n = 2n + 1 - 2n = 1$$

Mit den beiden Fällen folgt die Behauptung.

$\square$

2.2.12 Satz

Für alle $k \in \mathbb{N}, k \geq 2$ gilt
$$k + 1 < 2^k$$

Beweis. Dieser Beweis erfolgt durch vollständige Induktion nach k.
Induktionsanfang. Sei $k = 2$, dann gilt
$$2 + 1 = 3 < 4 = 2^2$$
Induktionsannahme: $k + 1 < 2^k$ für alle $k \in \mathbb{N}, k \geq 2$
Induktionsschluss.
$$(k+1) + 1 \stackrel{I.A.}{<} 2^k + 1 < 2^k + 2^k = 2 \cdot 2^k = 2^{k+1}$$

$\square$

Kapitel 3

Der Beweis

Dieses Kapitel befasst sich mit der Ausführung des Beweises nach Paul Erdős.

Das Bertrandsche Postulat lautet:

> Für jedes $n \geq 1$ gibt es eine Primzahl $p \in \mathbb{P}$ mit $n < p \leq 2n$.

Der Beweis erfolgt in fünf Schritten.

3.1 Lemma (Gültigkeit vom Bertrandschen Postulat für $n < 4000$)

Das Postulat von Bertrand gilt für $n < 4000$, $n \in \mathbb{N}$.

Beweis.
Es muss gezeigt werden, dass es für jedes $n < 4000$ eine Primzahl $p \in \mathbb{P}$ gibt, mit
$$n < p \leq 2n.$$
Um nicht alle 3999 Zahlen überprüfen zu müssen ist es sinnvoll den „Landau-Trick" anzuwenden: Man sucht zwischen der Start-Primzahl 2 und ihrem Doppelten die größte Primzahl. Dann verdoppelt man diese Primzahl und sucht

wieder die größte Primzahl zwischen ihr und ihrem Doppelten. Diesen Vorgang wiederholt man bis $n = 4000$ übertroffen ist. Die Folge dieser Primzahlen sieht folgendermaßen aus:

2, 3, 5, 7, 13, 23, 43, 163, 317, 631, 1259, 2503, 4001.

Weil es für $n < 4000$ zwischen jeder Primzahl und ihrem Doppelten eine Primzahl gibt, ist das Bertrandsche Postulat für alle diese Primzahlen erfüllt, und somit auch für jede natürliche Zahl in diesem Bereich, da zwischen ihr und ihrem Doppelten immer mindestens eine Primzahl liegt. □

3.2 Lemma (Abschätzung vom Primzahlenprodukt)

Es gilt:
$$\prod_{p \leq x} p \leq 4^{x-1} \quad \text{für alle } x \in \mathbb{R},\ x \geq 2$$

Anmerkung: Die Faktoren sind hier nur Primzahlen.
Vorüberlegung:
Es sei q die größte Primzahl:
$$p \leq q \leq x \quad \text{mit } p, q \in \mathbb{P}, x \in \mathbb{R}$$

Deswegen gilt für die linke Seite der Ungleichung
$$\prod_{p \leq x} p = \prod_{p \leq q} p$$

und für die rechte Seite
$$4^{q-1} \leq 4^{x-1}$$

Damit genügt es, dieses Lemma für den Fall $x = q$ zu zeigen, also
$$\prod_{p \leq q} p \leq 4^{q-1} \quad \text{für alle } q \in \mathbb{P},\ q \geq 2$$

Um dies zu belegen, wendet man die Beweismethode der vollständige Induktion nach q an.

Beweis.
Induktionsanfang. Sei $q = 2$. Dann gilt

$$\prod_{p \leq 2} p = 2 \leq 4 = 4^{2-1}$$

Induktionsannahme:

$$\prod_{p \leq q} p \leq 4^{q-1} \quad \text{für alle } q \in \mathbb{P},\ q \geq 2$$

Induktionsschluss. Jetzt müssen alle weiteren Primzahlen, also alle ungeraden Primzahlen $q = 2m + 1$ betrachtet werden.
Die Zerlegung des Produktes liefert

$$\prod_{p \leq 2m+1} p = \prod_{p \leq m+1} p \cdot \prod_{m+1 < p \leq 2m+1} p$$

Wegen Satz (2.2.7) gilt

$$\prod_{p \leq m+1} p \cdot \prod_{m+1 < p \leq 2m+1} p \leq \prod_{p \leq m+1} p \cdot \binom{2m+1}{m}$$

Mit der Induktionsannahme folgt

$$\prod_{p \leq m+1} p \cdot \binom{2m+1}{m} \leq 4^{(m+1)-1} \cdot \binom{2m+1}{m} = 4^m \cdot \binom{2m+1}{m}$$

Schließlich erhält man mit Satz (2.2.8)

$$4^m \cdot \binom{2m+1}{m} \leq 4^m \cdot 4^m = 4^{m+m} = 4^{2m} = 4^{(2m+1)-1}$$

$\square$

3.3 Lemma (Enthaltene Primzahlen in $\binom{2n}{n}$)

Sei $n \in \mathbb{N}$. Die Primfaktorzerlegung des Binomialkoeffizienten $\binom{2n}{n}$ liefert für $n \geq 3$ folgende Ergebnisse:

- die größte enthaltene Potenz von $p \in \mathbb{P}$ in $\binom{2n}{n}$ ist maximal $2n$.
- die Primfaktoren $p \in \mathbb{P}$ mit $\sqrt{2n} < p \leq 2n$ sind höchstens einmal in $\binom{2n}{n}$ enthalten.
- die Primfaktoren $p \in \mathbb{P}$ mit $\frac{2}{3}n < p \leq n$ teilen $\binom{2n}{n}$ überhaupt nicht.

Beweis.
Nach dem Theorem (2.2.9) ist der Primfaktor $p \in \mathbb{P}$ in $n!$ genau $\sum_{k \in \mathbb{N}} \left\lfloor \frac{n}{p^k} \right\rfloor$ mal, in $2n!$ genau $\sum_{k \in \mathbb{N}} \left\lfloor \frac{2n}{p^k} \right\rfloor$ mal enthalten.
Betrachtet man jetzt den Binomialkoeffizienten

$$\binom{2n}{n} \stackrel{(2.1.13)}{=} \frac{1 \cdot 2 \cdot \ldots \cdot n \cdot (n+1) \cdot (n+2) \cdot \ldots \cdot 2n}{1 \cdot 2 \cdot \ldots \cdot n \cdot 1 \cdot 2 \cdot \ldots \cdot n} = \frac{(2n)!}{n!n!},$$

sieht man, dass die Faktoren vom Nenner alle im Zähler auftauchen.
Um festzustellen wie oft der Primfaktor $p \in \mathbb{P}$ im Binomialkoeffizienten (bzw. in der Bruchdarstellung) enthalten ist, muss die Anzahl der enthaltenen Primfaktoren im Nenner von der Anzahl der Primfaktoren im Zähler subtrahiert werden. Damit enthält $\binom{2n}{n} \in \mathbb{N}$ den Primfaktor $p \in \mathbb{P}$ also

$$\sum_{k \in \mathbb{N}} \left\lfloor \frac{2n}{p^k} \right\rfloor - \sum_{k \in \mathbb{N}} \left\lfloor \frac{n}{p^k} \right\rfloor - \sum_{k \in \mathbb{N}} \left\lfloor \frac{n}{p^k} \right\rfloor = \sum_{k \in \mathbb{N}} \left(\left\lfloor \frac{2n}{p^k} \right\rfloor - 2 \cdot \left\lfloor \frac{n}{p^k} \right\rfloor \right)$$

mal.
Jetzt werden die Summanden dieser Summe betrachtet.
Da $\left\lfloor \frac{n}{p^k} \right\rfloor \in \mathbb{R}_0^+$ gilt nach Proposition (2.2.11)

$$\left\lfloor \frac{2n}{p^k} \right\rfloor - 2 \cdot \left\lfloor \frac{n}{p^k} \right\rfloor \in \{0, 1\}.$$

Jeder Summand ist damit 1 oder 0 Die Summe aller k Summanden kann also nicht größer als $k \cdot 1 = k$ sein:

$$\sum_{k \geq 1} \left(\left\lfloor \frac{2n}{p^k} \right\rfloor - 2 \cdot \left\lfloor \frac{n}{p^k} \right\rfloor \right) \leq max\{t : p^t \leq 2n\}$$

Also ist die größte Potenz von p, die $\binom{2n}{n}$ teilt, maximal $2n$.

Exponenten für $p > \sqrt{2n}$ können nicht größer als 1 sein, da $\sqrt{2n}^t > 2n$ für $t > 1$. Somit können Primzahlen, die größer als $\sqrt{2n}$ sind, höchstens einmal in $\binom{2n}{n}$ enthalten sein.

Jetzt wird p im Bereich $(\frac{2}{3}n; n]$ betrachtet:
Aus $\frac{2}{3}n < p \leq n$ erhält man $3p > 2n$.
Es gelte $n \geq 3$, also auch $p \geq 3$.
Der Binomialkoeffizient $\binom{2n}{n}$ kann wie folgt zerlegt werden:

$$\binom{2n}{n} = \frac{(2n)!}{n!n!} \stackrel{2n<3p}{=} \frac{1 \cdot 2 \cdot \ldots \cdot p \cdot \ldots \cdot n \cdot \ldots \cdot 2p \cdot \ldots \cdot 2n}{1 \cdot 2 \cdot \ldots \cdot p \cdot 1 \cdot 2 \cdot \ldots \cdot p}$$

Man erkennt, dass p und $2p$ die einzigen Vielfachen von p sind, die sich im Zähler befinden. Da der Nenner jedoch ebenfalls zwei p-Faktoren enthält, beinhaltet der gekürzte Bruch keine p-Faktoren mehr, die den Binomialkoeffizienten teilen könnten. Die Primfaktoren $p \in \mathbb{P}$ mit $\frac{2}{3}n < p \leq n$ sind demzufolge im Binomialkoeffizienten $\binom{2n}{n}$ überhaupt nicht vorhanden.
Diese Erkenntnis, dass Primzahlen p im Bereich $\frac{2}{3}n < p \leq n$ den Binomialkoeffizienten $\binom{2n}{n}$ überhaupt nicht teilen, ist der laut Erdős wichtigste Punkt des gesamten Beweises!

$\square$

3.4 Lemma (Abschätzung von 4^n)

Für alle $n \geq 3$ gilt

$$4^n \leq (2n)^{1+\sqrt{2n}} \cdot \prod_{\sqrt{2n} < p \leq \frac{2}{3}n} p \cdot \prod_{n < p \leq 2n} p$$

Beweis.
Bezeichne

$$\prod_{p \leq n} p^{n_p}$$

einen Teil der Primfaktorzerlegung einer Zahl und zwar mit allen Primzahlen $p \leq n$.
Die Primfaktorzerlegung des Binomialkoeffizienten $\binom{2n}{n}$ ergibt also für $n \geq 3$:

$$\binom{2n}{n} = \prod_{p \leq \sqrt{2n}} p^{n_p} \cdot \prod_{\sqrt{2n} < p \leq \frac{2}{3}n} p^{n_p} \cdot \prod_{\frac{2}{3}n < p \leq n} p^{n_p} \cdot \prod_{n < p \leq 2n} p^{n_p}$$

Weil die größte Potenz von p die den Binomialkoeffizienten teilt maximal $2n$ ist, ergibt sich:

$$\prod_{p \leq \sqrt{2n}} p^{n_p} \leq \prod_{p \leq \sqrt{2n}} 2n$$

Wie in Lemma(3.3) gezeigt, teilen Primzahlen, die größer als $\sqrt{2n}$ sind, den Binomialkoeffizienten $\binom{2n}{n}$ höchstens einmal; die Exponenten dieser Primzahlen sind demnach 1. Folglich gilt

$$\prod_{\sqrt{2n} < p \leq \frac{2}{3}n} p^{n_p} = \prod_{\sqrt{2n} < p \leq \frac{2}{3}n} p$$

und

$$\prod_{\frac{2}{3}n < p \leq n} p^{n_p} = \prod_{\frac{2}{3}n < p \leq n} p$$

sowie

$$\prod_{n < p \leq 2n} p^{n_p} = \prod_{n < p \leq 2n} p$$

Da nach Lemma (3.3) Primzahlen im Bereich $(\frac{2}{3}n; n]$ den Binomialkoeffizienten nicht teilen, sind sie in der Primfaktorzerlegung des Binomialkoeffizienten nicht enthalten:

$$\prod_{\frac{2}{3}n < p \leq n} p = 1$$

Zusammengefasst gilt:

$$\binom{2n}{n} \leq \prod_{p \leq \sqrt{2n}} 2n \cdot \prod_{\sqrt{2n} < p \leq \frac{2}{3}n} p \cdot \prod_{n < p \leq 2n} p$$

Weil es nicht mehr als $\sqrt{2n}$ Primzahlen $1 \leq p \leq \sqrt{2n}$ gibt, folgt

$$\binom{2n}{n} \leq (2n)^{\sqrt{2n}} \cdot \prod_{\sqrt{2n} < p \leq \frac{2}{3}n} p \cdot \prod_{n < p \leq 2n} p$$

Mit Proposition (2.2.10) gilt für alle $n \geq 3$

$$\frac{4^n}{2n} \leq \binom{2n}{n}$$

Deswegen gilt auch

$$\frac{4^n}{2n} \leq (2n)^{\sqrt{2n}} \cdot \prod_{\sqrt{2n}<p\leq\frac{2}{3}n} p \cdot \prod_{n<p\leq 2n} p$$

Durch Umformung erhält man für $n \geq 3$

$$4^n \leq (2n)^{1+\sqrt{2n}} \cdot \prod_{\sqrt{2n}<p\leq\frac{2}{3}n} p \cdot \prod_{n<p\leq 2n} p$$

$\square$

3.5 Das Bertrandsche Postulat

Für $n \in \mathbb{N}$ existiert eine Primzahl $p \in \mathbb{P}$ mit

$$n < p \leq 2n$$

Beweis. Dieser Beweis erfolgt indirekt.
Nach Lemma (3.4) gilt für alle $n \geq 3$:

$$4^n \leq (2n)^{1+\sqrt{2n}} \cdot \prod_{\sqrt{2n}<p\leq\frac{2}{3}n} p \cdot \prod_{n<p\leq 2n} p$$

Jetzt nimmt man an, dass es keine Primzahl p mit $n < p \leq 2n$ gibt.
Damit kann natürlich keine dieser Primzahlen in der Primfaktorzerlegung von 4^n enthalten sein. Also ist

$$\prod_{n<p\leq 2n} p = 1$$

und damit ergibt sich

$$4^n \leq (2n)^{1+\sqrt{2n}} \cdot \prod_{\sqrt{2n}<p\leq\frac{2}{3}n} p$$

Durch Einsetzen von Lemma (3.2) erhält man

$$4^n \leq (2n)^{1+\sqrt{2n}} \cdot 4^{\frac{2}{3}n-1}$$

damit auch

$$4^n \leq (2n)^{1+\sqrt{2n}} \cdot 4^{\frac{2}{3}n}$$

also

$$4^{\frac{1}{3}n} \leq (2n)^{1+\sqrt{2n}}$$

umgeformt

$$4^n \leq (2n)^{3+3\sqrt{2n}}$$

anders dargestellt

$$2^{2n} \leq (2n)^{3+3\sqrt{2n}}$$

Schätzt man jetzt die Basis $2n$ auf der rechten Seite noch ab und verwendet dabei $k+1 < 2^k$ für $k \in \mathbb{N}, k \geq 2$ was in Satz (2.2.12) bewiesen wurde, so erhält man

$$2n = \left(\sqrt[6]{2n}\right)^6 < \left(\lfloor\sqrt[6]{2n}\rfloor + 1\right)^6 \stackrel{(2.2.12)}{<} \left(2^{\lfloor\sqrt[6]{2n}\rfloor}\right)^6 = 2^{6\lfloor\sqrt[6]{2n}\rfloor} \leq 2^{6\sqrt[6]{2n}}$$

Damit kann die Abschätzung vollständig erfolgen

$$2^{2n} \leq (2n)^{3+3\sqrt{2n}} < \left(2^{6\sqrt[6]{2n}}\right)^{3+3\sqrt{2n}} = 2^{\sqrt[6]{2n}\left(18+18\sqrt{2n}\right)}$$

Offensichtlich gilt $18 < 2\sqrt{2n}$ für $n \geq 50$.
Damit gilt für $n \geq 50$

$$2^{2n} < 2^{\sqrt[6]{2n}\left(18+18\sqrt{2n}\right)} < 2^{\sqrt[6]{2n}\left(2\sqrt{2n}+18\sqrt{2n}\right)} = 2^{\sqrt[6]{2n}\cdot 20\sqrt{2n}} = 2^{20(2n)^{\frac{1}{6}+\frac{1}{2}}} = 2^{20(2n)^{\frac{2}{3}}}$$

Vergleicht man nun den Exponenten der linken Seite mit dem Exponenten der rechten Seite, so erhält man

$$2n < 20\,(2n)^{\frac{2}{3}}$$

also

$$(2n)^{\frac{1}{3}} < 20$$

und damit

$$n < 4000$$

25

Dieses Ergebnis liefert also, dass es für alle $n < 4000$ keine Primzahl p gibt mit $n < p \leq 2n$. Das ist jedoch ein Widerspruch zu Lemma (3.1). Damit kann die Annahme, dass es keine Primzahl p mit $n < p \leq 2n$ gibt, nicht stimmen und somit ist das Bertrandsche Postulat bewiesen. □

3.6 Anmerkung

Die Gleichheit $p = 2n$ im Bertrandschen Postulat gilt nur für $n = 1$, da es keine andere gerade Primzahl. Das heißt:
Für jede natürliche Zahl $n > 1$ gibt es eine Primzahl $p \in \mathbb{P}$ mit $n < p < 2n$.

Kapitel 4

Folgerungen

4.1 Primzahlsumme

Sei $n \in \mathbb{N}$ eine natürliche Zahl. Dann lässt sich die Menge $\{1, \ldots, 2n\}$ in n Paare $\{a_1, b_1\} \ldots \{a_n, b_n\}$ aufteilen, so dass für jedes $i \in \{1, \ldots, n\}$ die Summe $a_i + b_i$ eine Primzahl ist.[9]

Beweis. Dieser Beweis erfolgt durch vollständige Induktion nach n.
Induktionsanfang.
Sei $n = 1$. Dann lässt sich die Menge $\{1, 2\}$ in 1 Paar zerlegen, so dass die Summe $1 + 2 = 3$ eine Primzahl ist.
Induktionsannahme: Für alle $n^* < n$ gelte die Behauptung.
Induktionsschluss. Sei $n > 1$.
Es wird eine Primzahl $p \in \mathbb{P}$ gewählt, die zwischen $2n$ und $4n$ liegt, also $2n < p < 4n$.
Eine solche Primzahl existiert nach dem Bertrandschen Postulat für $n > 1$ (vergleiche Anmerkung (3.6)).
Für diese Primzahl setzt man $p = 2n + m$ mit $0 < m < 2n$.
Da p eine Primzahl und n eine natürliche Zahl ist, muss m ungerade sein.
Die Anzahl der Elemente der Menge $\{m, m+1, \ldots, 2n\}$ ist damit gerade und es können Paare wie folgt gebildet werden:

$$\{a_n, b_n\} = \{2n, m\}$$
$$\{a_{n-1}, b_{n-1}\} = \{2n-1, m+1\}$$
$$\vdots$$
$$\{a_{n-k}, b_{n-k}\} = \{2n-k, m+k\}$$

Wie man sieht, vermindert sich der Wert von a_i von oben nach unten in gleicher Weise wie b_i ansteigt. Dies geschieht solange, bis sich a_i und b_i nur noch um 1 unterscheiden. Deswegen erhält man aus dem letzten Paar folgende Gleichung: $2n - k = m + k + 1$.
Andere Darstellungen sind $k = \frac{2n-m-1}{2}$ und $m = 2n - 2k - 1$.
Betrachtet man alle Paare, so sieht man, dass alle ganzen Zahlen im Bereich $[m, 2n]$ enthalten sind:

$$\bigcup_{l=0}^{k} \{a_{n-l}, b_{n-l}\} = \{m, m+1, \ldots, m+k, 2n-k, \ldots, 2n\}$$

Für alle $i \in \{0, \ldots, k\}$ gilt $a_{n-i} + b_{n-i} = 2n - i + m + l = 2n + m$; genau so wurde die Primzahl p zu Beginn gewählt: $p = 2n + m$. Demzufolge ist die Summe jedes dieser Paare eine Primzahl. Es handelt sich um genau $k + 1$ Paare.
Da $0 < m < 2n$ gilt, ist $m - 1 < 2n$, also $\frac{m-1}{2} < n$.
Wegen der Induktionsannahme ist die Menge

$$\{1, \ldots, m-1\} = \{1, \ldots, 2(\frac{m-1}{2})\}$$

in $\frac{m-1}{2} = \frac{(2n-2k-1)-1}{2} = n - k - 1$ Paare $\{a_1, b_1\}, \ldots, \{a_{\frac{m-1}{2}}, b_{\frac{m-1}{2}}\}$ aufteilbar.
Insgesamt erhält man also $(n - k - 1) + (k + 1) = n$ Paare. $\square$

4.2 Die Unendlichkeit der Primzahlen

Es gibt unendlich viele natürliche Zahlen. Die Primzahlen bilden eine echte Teilmenge. Dennoch umfasst auch die Menge der Primzahlen unendlich viele Elemente. Zu dieser Aussage gibt es sehr viele Beweise. Der wahrscheinlich älteste Beweis dazu stammt von Euklid.

Dieser berühmte Satz von Euklid, dass es keine größte Primzahl geben kann, ist auch mit Hilfe des Bertrandschen Postulats leicht zu belegen:
Da die Menge der natürlichen Zahlen unendlich ist und zwischen jeder natürlichen Zahl und ihrem Doppelten mindestens eine Primzahl liegt, muss es auch unendlich viele Primzahlen geben.

Literaturverzeichnis

[1] Marcus du Sautoy. *Die Musik der Primzahlen - Auf den Spuren des größten Rätsels der Mathematik*. Deutscher Taschenbuch Verlag, München, 2006.

[2] Ehrhard Behrends Martin Aigner. *Alles Mathematik - Von Pythagoras zum CD-Player*. Verlag Vieweg, Braunschweig, 2000.

[3] Frank Ziemann. *Neue größte Primzahl entdeckt*. http://www.pcwelt.de/, 2008.

[4] Martin Aigner und Günter M. Ziegler. *Das Buch der Beweise*. Springer Verlag, Berlin, 1998.

[5] Siegfried Gottwald. *Lexikon bedeutender Mathematiker*. Bibliographisches Institut, Leipzig, 1990.

[6] Susanne Müller-Phillip Hans-Joachim Gorski. *Leitfaden Arithmetik*. Verlag Vieweg, Braunschweig, 2004.

[7] Friedhelm Padberg. *Elementare Zahlentheorie*. Spektrum Akademischer Verlag, Heidelberg, 2001.

[8] Steffen Timmann. *Repetitorium der Analysis - Teil 1*. Binomi Verlag, Springe, 2003.

[9] Underwood Dudley. *Elementary Number Theory*. W. H. Freeman and Company, San Francisco, 1969.